SIEGFRIED MARCUS

Umschlagseite vorn:
Siegfried Marcus, Aufnahme undatiert
(Quelle: Technisches Museum Wien)

Eine größere Anzahl von Exemplaren
dieses Buches werden auf Grund
einer Spende der Volkswagen AG
(Dr. Ekkehardt Wesner)
Schülern aus Malchin und Berlin
zur Verfügung gestellt.

NORBERT BÖTTCHER

SIEGFRIED MARCUS

Bedeutender Ingenieur und vielseitiger Erfinder
Vom mecklenburgischen Malchin nach Wien

HENTRICH & HENTRICH
STIFTUNG NEUE SYNAGOGE BERLIN
CENTRUM JUDAICUM

JÜDISCHE MINIATUREN
Lebensbilder • Kunst • Architektur
Herausgegeben von Hermann Simon

Band 26 Siegfried Marcus

Druck: Brandenburgische Universitätsdruckerei und
Verlagsgesellschaft Potsdam mbH

1. Auflage 2005
Printed in Germany
ISBN 3-933471-84-2

Inhalt

Siegfried Marcus, 1885 (Quelle: Technisches Museum Wien = TMW)

Die Geschichte aber, zu eilig, um gerecht zu sein, sie dient immer nur dem Erfolg. Nur die Leistung rühmt sie, die glorreich vollendete, nicht den kühnen, den mit Unmut und Undank verfolgten Versuch. Nur den Beender preist sie, nicht die Beginner, einzig den Sieger hebt sie ins Licht, den Kämpfer wirft sie ins Dunkel.

(aus: Stefan Zweig »Die Heilung durch den Geist«)

Ein Prolog

Wie ist es eigentlich zu begründen, dass sich heute immer noch »profunde Kenner«, Kfz-Experten, Technikhistoriker – Patrioten nicht zu vergessen – über die Bedeutung des 1898 in Wien verstorbenen Siegfried Marcus streiten? In Österreich weitgehend, in seiner norddeutschen Heimat Mecklenburg schon etwas weniger bekannt (mit Ausnahme Malchins), weiß anderswo sonst kaum jemand um sein Wirken.

Im Oktober 1998 wurde in Stockerau bei Wien eine »Siegfried Marcus Gesellschaft« ins Leben gerufen (heute -»Forschungsgesellschaft« mit gleichnamigem Verlag und -»Automobil-Museum«). Die Gesellschaft ließ sich gar den Namen »Siegfried Marcus« schützen, »um eventuellen Mißbrauch verhindern zu können«. Gleichsam als Gegenpol hatte sich im Januar 1999

die »Arbeitsgruppe Siegfried Marcus« an der Universität Wien konstituiert, die sich leider unlängst wieder auflöste. – In den letzten Jahren erschien eine Vielzahl von Publikationen, wie sie widersprüchlicher nicht hätten sein können. Kaum war etwas veröffentlicht, folgte prompt die Gegendarstellung.
Es scheint in der Geschichte des Automobils doch alles hinlänglich geklärt, das Feld abgegrast. Dennoch wird mit recht harten Bandagen das Gefecht unentwegt weitergeführt: »Mythographen« contra »Marcus-Gegner«, so die Terminologie der verfeindeten Lager. Immerhin geht es um nichts Geringeres als um die Frage, wer das erste Automobil der Welt konstruierte. Aber auch eine Nummer kleiner wäre schon grandios. Wer hat Anspruch auf den Viertaktmotor?
Um es gleich vorwegzunehmen: Der Autor, frei von Interessenskonflikten, fühlt sich zu den »Marcus-Gegnern« hingezogen, obwohl er mit Fug und Recht behaupten darf, ein Marcus*freund* zu sein (schon weil in derselben Stadt geboren). Einer Partei muss sich der Autor ja zugehörig fühlen. Und nachdem nun alles abgewogen und eine Seite für gewichtig(er) befunden, kommt er nicht umhin, den in den letzten Jah-

ren vorgelegten Arbeiten Mag. Ursula Bürbaumers[1] und Prof. Dr. Horst Hardenbergs[2] (†) seinen Respekt zu zollen. Es sei deshalb hier auf die sehr viel umfassenderen Schriften der beiden genannten »Marcus-Gegner« hingewiesen – der Fairness halber natürlich auch auf die des streitbaren Hauptvertreters des Gegenlagers, des Ingenieurs Alfred Buberl[3].

Im 100. Todesjahr des Erfinders (1998) tagte in Wien ein internationaler Kongress, der sich mit dem Thema »Benzinautomobile des 19. und beginnenden 20. Jahrhunderts« beschäftigte. In seinem Vortrag »Zur Geschichte von Marcus' Motorpatenten« verwies Hardenberg auf die Notwendigkeit, bisher übersehene oder vernachlässigte Informationen zu erschließen und sich »ernsthaft auf Quellensuche« zu begeben. Hinsichtlich Marcus' Motorversuchen mit Benzin nannte er mehrere Vorläufer, die schon seit 1794 (!) flüssige Kohlenwasserstoffe für ihre Motoren verwendet hätten, gleichgültig, ob aus Teer oder Erdöl gewonnen und ob für stationäre oder mobile Zwecke gedacht...

Seitens der »Mythographen« wird behauptet, Marcus hätte den Kraftstoff Benzin entdeckt und ebenfalls den ersten Benzinmotor geschaffen. Mehr noch, bereits 1864 sei von ihm das erste Benzin-Automobil realisiert worden. – Das gegnerische Lager favorisiert für dieses Vehikel zutreffender die Bezeichnung »motorisierter Handwagen«, auf neutralem Parkett ist unverfänglich vom »ersten Marcus-Wagen« die Rede und der Erbauer selbst vermerkte einst bescheiden auf einem Foto: »Motor-Wagen[4]«.

Die Jahreszahl 1864 sei durch die 1901 erfolgte Befragung eines »Arbeitsgenossen Marcus', Herrn Blum«[5], belegt. In jenem Jahr seines Eintritts in die Werkstatt hätte er besagtes Automobil (fertig) vorgefunden. Außerdem gebe es da noch den Bericht des Marcus »persönlich näher stehenden« Nachbarn Albert H. Curjel aus dem Jahr 1904. Darin wird von einer 1866 mit Marcus auf der Schmelz in Wien unternommenen Probefahrt erzählt[6]. – Die »Marcus-Gegner« meinen, dass der »erste Marcus-Wagen« zu dieser Zeit noch gar nicht existiert haben konnte. Der einstige Lehrling Alois Christian gibt in dem um/vor 1928 erstellten Gedächtnisprotokoll an, einem solchen nicht begegnet zu sein[5]. Hinweise auf mehrere im Jahr 1870 erfolgte Ausfahrten (z.B. auf der Mariahilfer Straße), die sich in einem 1888 von Ing. Moritz Ritter von

Pichler gehaltenen Vortrag[7] und in Ackermanns Gewerbe-Zeitung von 1890[8] wiederfänden, könnten hingegen als gesichert angesehen werden. Und was den »Zeitzeugen« Curjel angehe, nun, da dieser sich ganz offensichtlich in einigen wichtigen Details geirrt habe, sei er einfach nicht glaubwürdig...

Zwei (von insgesamt vier?) mit »1870« beschriftete Fotografien[4], die Marcus im Jahr 1898 persönlich dem Wiener Ing. Czischek im Zuge der Vorbereitung seines Vortrags »Automobile« übergeben hatte, zeigen den »Motor-Wagen« sowie den separat auf einem Gestell aufgebockten »Petroleum (Benzin) Motor«. Es sind dies die einzigen existierenden Zeitzeugnisse.

Der mit einem vertikal gestellten verdichtungslosen Benzinmotor ausgerüstete *Handwagen* wird höchstwahrscheinlich erst im Jahr 1870 fertiggestellt gewesen sein. Mittels einiger behelfsmäßig angebrachter Sitze (und einer Lenkstange statt der Deichsel?) kam es zu den bereits erwähnten Ausfahrten.

Marcus ist das Verdienst zuzusprechen, das erste mit *Benzin* betriebene Straßenfahrzeug der Welt geschaffen zu haben; es wäre indes verfrüht, bei diesem Vehikel von einem Automobil im üblichen Sinne zu

sprechen. Zweifellos aber hat Marcus mit ihm einen großen Schritt in Richtung eines »*betriebsbrauchbaren* Benzinautomobils«, wie es Benz voraussetzte[9], vollzogen und kann als einer der Pioniere gelten. Auch wenn diese und seine anderen Leistungen insgesamt die rasante technische Entwicklung jener Zeit kaum beeinflusst haben dürften.
Noch heftiger brandet die Diskussion um die Datierung des zweiten Marcus-Wagens, der in der Tat alle wesentlichen Elemente eines »Automobils« in sich vereint. Ist er 1875 oder 1888/1889 gebaut worden? War Marcus womöglich schneller als Carl Benz, der »erst« 1886 sein bahnbrechendes Patent anmeldete? Übrigens unabhängig von Gottlieb Daimler, wie Benz 1925 in seinen Memoiren betont.[9] Die Zeit war eben reif für die Ausformung des Automobils, das zwangsläufig auf einer Reihe von Einzelerfindungen fußte.
Auch hier ist der Anspruch der »Mythographen« kein geringerer als der, dass Marcus das Verdienst auf die »Gesamterfindung« des Automobils zukommt.
Als Ursache der Legendenbildung schlechthin könne Ingenieur Ludwig Czischek* angesehen werden, so die Auffassung der »Marcus-Gegner«. 1897 war er

erstmals mit Marcus in Kontakt getreten. Anscheinend sei es aber zu einigen von beiden nicht gewollten Missverständnissen gekommen, welche die späteren falschen Datierungen erklärten. Im Zusammenhang mit dem Selden-Prozess in den USA begab sich Czischek 1901 auf die Suche nach unumstößlichen Belegen. Hierbei erkannte er zwar seinen Irrtum, habe diesen bedauerlicherweise jedoch nicht mehr revidiert.

Publizisten und Biographen – inbegriffen Hofrat Dr. Ing. Erich Kurzel-Runtscheiner mit seinem 1928/56 erschienenen »*Lebensbild eines österreichischen Erfinders*« – hätten sich leider allzu häufig kritiklos und ungeprüft auf Czischeks Aussagen gestützt. Bis endlich Dr. Gustav Goldbeck im Jahr 1961 seine richtigstellende Schrift »*Siegfried Marcus. Ein Erfinderleben*« vorlegte. Diese sei durch Dr. Hans Seper, der daraufhin den Nachlass Czischeks ausgewertet hatte, mit seinem 1968 herausgegebenen Beitrag »*Damals als die Pferde scheuten*« vollauf bestätigt worden.

* Professor für Maschinenbau an der Wiener Staatsgewerbeschule und Sachverständiger für Kraftfahr- und Maschinenwesen. In einem Bericht des »Cluborgans des Oesterreichischen Touring-Clubs« vom 15. Juni 1898 nannte Czischek erstmals das Jahr 1875 als Baujahr des zweiten Marcus-Wagens.

Eine unakzeptable und nicht objektive Sichtweise!, sagt die Gegenseite. Schließlich blieben die Darstellungen Czischeks und anderer aus der Jahrhundertwende, die dem Geschehen viel näher waren, seinerzeit unangefochten, was als ein Indiz für deren Richtigkeit gewertet werden könne. In den Kanzleien der Patentanwälte von Marcus seien alle eindeutigen Unterlagen, auch wegen des Selden-Streits in den USA, verloren gegangen. Überdies seien in der Nazizeit Archive und Museen, sogar Lexika, wegen seiner jüdischen Herkunft konsequent »bereinigt« worden...
Soweit ein *kleiner* Auszug aus der Marcus-Diskussion. Prof. Czischek, auf den die Behauptung zurückgeht, der zweite Marcus-Wagen sei schon 1875 in den Straßen Wiens ausgefahren, hatte damals auf Zeitungsberichte verwiesen, die über diese »Exkursionen« reflektiert haben sollen. Bislang brachte die systematische Durchsicht ganzer Zeitungs-Jahrgänge keinerlei Erfolg. Desgleichen blieb die Suche nach Polizeiakten vergebens, die sich auf einen Verweis oder gar eine Inhaftierung Marcus' infolge des angeblich ruhestörenden Lärms seiner Ausfahrten – siehe auch eine Erzählung von Emil Ertl[10] – bezogen haben könnten.

Marcus ist keineswegs »nur« auf automobiltechnische Arbeiten zu beschränken. Sein Wirken ist wesentlich facettenreicher, wie noch dargestellt werden wird. Es verlohnt allemal, sich auf die Spur dieses unerhört vielseitigen Mannes, der sich mit Elektrotechnik, Chemie, Mechanik und Maschinenbau befasste, zu begeben.

Malchin in Mecklenburg-Schwerin

Alle zwei Jahre, im Wechsel mit Sternberg, fanden in Malchin die Mecklenburgischen Landtage statt.* Die Erwähnung der Landtage und somit der Stände, die sich aus den Vertretern des Adels und der Städte zusammensetzten, ist insofern wichtig, als sie lange Zeit – bis 1918 – das mecklenburgische Land durch ihre egoistischen, rückwärts gewandten Interessen fest in ihrem Würgegriff hielten. Die Stände waren es auch, an denen die Emanzipationsbestrebungen der Judenheit immer wieder scheiterten. Gleichwohl bewilligte

* Bei der zweiten Hauptlandesteilung Mecklenburgs im Jahr 1621 war festgelegt worden, die Landtage in diese Orte zu verlegen. Im Ergebnis des Hamburger Vergleichs von 1701 waren die Herzogtümer Mecklenburg-Schwerin und -Strelitz entstanden (seit dem Wiener Kongress von 1815 Großherzogtümer).

die während der napoleonischen Besatzungszeit verabschiedete »Landesherrliche Constitution« den Juden die staatsbürgerliche Gleichstellung, wenn auch nur kurzzeitig (1813-1817). Mit den Revolutionsjahren 1848-1850 gelang es erneut, die vollen Bürgerrechte herzustellen. Sie währten knapp ein Jahr...
1791 hatte sich der Malchiner Konrektor und spätere Rektor Otto Georg Friedrich Beutell in der »Monatsschrift von und für Mecklenburg« in einem Aufsatz dafür eingesetzt, die »Jugend des jüdischen Volkes in christlichen Schulen... zu nützlichen Einwohnern zu bilden«. Es ist bemerkenswert, dass aufgrund seiner Aktivitäten das Scholarchat in Malchin jüdischen Kindern den Besuch der 1782/83 auf dem Wedenhof errichteten Stadt- und Bürgerschule gestattete.
Spätestens jetzt muss man den 1790 in dieser Stadt geborenen jüdischen Kaufmann Liepmann Marcus nennen, der sich engagiert für die Emanzipation seiner Glaubensgenossen in Mecklenburg einsetzte. Von den mecklenburger Gemeinden wurde er 1840 in den gerade erst landesherrlich bestätigten »israelitischen Oberrat« in Schwerin gewählt, wo er als Sprecher fungierte. Er gehörte zur etwas wohlhabenderen Führungsschicht,

die sich aus jüdischen Anwälten, Ärzten und Kaufleuten zusammensetzte. Außerdem war er im Vorstand der Malchiner jüdischen Gemeinde, die seit 1764 über eine kleine Synagoge in Marktnähe verfügte.
Nachdem er bereits 1828 versucht hatte, Einfluss auf den in Malchin tagenden Landtag zu nehmen[11], versuchte er erneut mit seiner 1832/33 erschienenen Schrift »Kurze Uebersicht der Verhältnisse der Einwohner mosaischen Glaubens...« auf die unbefriedigende Situation im Land hinsichtlich »Cultus und Rechtszustand« hinzuweisen. Darin geht er auch kurz auf die Malchiner Schule ein, die er als »eine der vorzüglichsten Bürgerschulen des Landes« preist.
Mit seiner Frau Rosa, geb. Philip (1796-1859), die aus Karlskrona/Schweden stammte und die er 1819 in Rostock geheiratet hatte, wohnte er gleich neben der Apotheke hinter dem Rathaus.
Als drittes Kind nach *Eduard* Liepmann (1821-1883) und *Emanuel* Mendel Liepmann (1829-1901) kam am 18. September 1831 *Siegfried* Samuel Liepmann Marcus in Malchin zur Welt.
Laut dem Mecklenburg-Schwerinschen Staats-Kalender von 1832 hatte der Ort zu jener Zeit 3.650 Ein-

wohner, 480 Häuser und eine Bürgerschule mit »Rector, Cantor, Succentor und Schullehrer«. Weiterhin werden 16 »Juden-Familien« und eine israelitische Gemeinde mit 107 Mitgliedern aufgeführt.
In der kleinen, aus Stube und Schlafgemach bestehenden Dienstwohnung des jüdischen Religionslehrers, die außerdem als »Versammlungslocal« herhalten musste, wurde dem jungen Marcus Unterricht in »Religion, Uebersetzen der Bibel und der Gebete, biblische und jüdische Geschichte, dem Hebräisch-Lesen und Schreiben«, einschließlich »dem zur Confirmation [Bar Mizwa] erforderlichen Vorbereitungsunterricht« erteilt. Dieser Unterricht hätte so zu erfolgen, dass der Besuch der Stadtschule nicht behindert sei.[12]
In welchen Fächern Siegfried Marcus an der »großen Schule« unterrichtet wurde, lässt sich aus einem von Kantor Behm und Rektor Bülch im Jahr 1837 angelegten Zensurenbuch ersehen: Religion, Latein, Erdkunde, Geschichte und Deutsch.[13]
Wie lange Marcus die Stadtschule besuchte, ist ungewiss. Üblicherweise wurde damals eine Lehre nach Vollendung des 12. Lebensjahres angetreten, bei ihm könnte das somit im Herbst 1843 gewesen sein; es ist

Geburtshaus Siegfried Marcus´ in Malchin, Aufnahme von Fritz Brockmann, um 1865

Blick von der Stadtkirche auf den Malchiner Marktplatz, Richtung Osten, um 1900

(Quelle: Archiv Böttcher, Malchin)

also nicht ausgeschlossen, dass er noch in Malchin mit einer Lehre begonnen hat. Denn in zahlreichen früheren Veröffentlichungen zu seiner Person taucht immer wieder der Name *Lilge* auf. Bei ihm soll er in die Lehre gegangen sein oder sie hier begonnen haben, bis er sie dann in Hamburg fortgesetzt habe.
Tatsächlich gab es in Malchin zu dieser Zeit einen Schlossermeister namens Johann Heinrich Lilge, seinen Sohn Friedrich Georg Lilge (»Maschinenbauer« und »Mechanikus« – *siehe Inserat*) und einen weiteren Lilge, der in einer Zeitungsanzeige von 1864 genannt wird: »C. Lilge, Uhrmacher«.

Galvano-electrische Rheumatismus-Ketten,
stärkste Sorte 1 Rthl., schwächere Sorte 36 ß,
sind bei mir zu haben.
Malchin, im Januar 1849.
F. G. Lilge, Mechanikus.

Da sich die Zünfte zu dieser Zeit immer noch dagegen wehrten, Juden aufzunehmen, und es jüdischen Freimeistern sehr schwer machten, ist es nicht ganz von der Hand zu weisen, dass Marcus eine Mechanikerlehre aufgenommen haben könnte. Ein Mechaniker war irgendwo zwischen dem Schlosser- und Uhrmacherhandwerk angesiedelt; hier scheint es noch einen zunftlosen Freiraum gegeben zu haben. Wahrscheinlicher ist, dass Marcus bis zum Frühjahr 1845 die Bürgerschule besuchte und dass der »manuell begabte Junge [nebenher in seiner Freizeit] in einer benachbarten Schlosserei basteln, feilen und schmieden... durfte«[14]. Seine weitere berufliche Entwicklung wird aber, wenigstens vorerst, etwas anders ausgesehen haben...

Lehrzeit in Hamburg und Berlin

Sein Bruder Emanuel wanderte später nach Greencastle (Indiana, USA) aus, wo er sich als Musiklehrer, Komponist und Klavierhändler betätigte. Eduard hatte sich derweil in Hamburg niedergelassen. Der anlässlich des Ablebens der Mutter Rosa im Jahr 1859 erfolgte Eintrag im »Leichen-Register der Deutsch-Israelitischen Gemeinde« in Hamburg[15] verweist auf den Leinenhändler Eduard Marcus in der Fuhlentwiete in der Neustadt, nahe der Binnenalster. Nach dem Tod Liepmann Marcus´ im Jahr 1855 war sie zu ihrem ältesten Sohn nach Hamburg gezogen.

Den Weg in die Hansestadt hatte notabene auch der junge Marcus im Frühjahr 1845 eingeschlagen[14].
Die Schweizer »Automobil-Revue« aus dem Jahr 1937 berichtet, dass er »als 14jähriger Junge bei Meister Geefken, einem biederen Schlosser in Hamburg in die Lehre geschickt worden« sei. Vielleicht gab es sie wirklich, diese »Schlosserei«, die einer anderen Quelle nach »ein größerer Betrieb« war. Im früheren Adressbuch der Stadt ist sie allerdings nicht verzeichnet.
Vieles spricht jedoch für einen Gewerbebetrieb ähnlichen Namens: »G. Lipmann & Geffcken«[2/16]. Marcus′ Vater, der Bruder oder andere »Verwandte, die sich in Hamburg umsahen«[14], könnten diese Firma gekannt und eine Lehrstelle vermittelt haben. Der angesehene Kaufmann, »Bankbürger« und nachfolgende Senator Heinrich Geffcken hatte 1844 (!) einen Antrag gefördert, »die Israeliten zum ›Ehrbaren Kaufmann‹... zuzulassen«[17], womit ein erster Schritt für die Gleichstellung der Juden in Hamburg getan war.
Durchaus möglich ist also, dass Marcus eine kaufmännische oder eine Drogisten-Ausbildung (somit auch chemisches Grundwissen) erhalten hat. Er könnte sich dann nebenher, in Fortsetzung seiner evtl. in Malchin

erworbenen Kenntnisse, durch ein Selbststudium oder Kurse weitergebildet haben.
Obgleich in allen Marcus-Schriften von einem Wechsel in die preußische Hauptstadt *Berlin, genauer zur Firma Siemens & Halske* im Jahr *1848* die Rede ist, fehlten bisher auch hierzu die Beweise. Bereits 1938 war das Siemens-Archiv wegen »gelegentlicher Anfragen zu Siegfried Marcus« auf Spurensuche gegangen, hatte aber keine Unterlagen zu diesem Sachverhalt finden können... Dennoch gibt es einen indirekten (als gewichtig zu betrachtenden!) Hinweis, und der kommt aus St. Petersburg, wo Carl Siemens seit 1855 als Leiter der Firmenfiliale eingesetzt war. In einem Schreiben an den Bruder Werner vom Dezember 1862 heißt es: »... Gestern war Oberst Stahl bei mir, welcher mir Mordgeschichten von einem gewissen Marcus in Wien erzählte. Dieser soll früher bei Euch in der Werkstatt gearbeitet und sich später in Wien etabliert haben...«[18]
Im Laufe des Jahres 1848 wird Marcus nach Berlin gekommen sein und in der im Oktober 1847 von Werner Siemens und Georg Halske eröffneten »Telegraphenbauanstalt« eine Anstellung gefunden haben.

Die Werkstatt befand sich im ersten Geschoss eines Hintergebäudes in der Schöneberger Straße 19, ganz in Nähe des Anhalter Bahnhofs.
Die Firma hatte gerade eben den Siemensschen Zeigertelegraphen auf der vorhandenen oberirdischen Versuchsleitung von Berlin nach Potsdam erfolgreich erprobt. Das ebnete nun den Weg, die alten optischen Linien in Deutschland abzulösen. Da es Werner Siemens außerdem gelungen war, die Kupferdrähte in einem verwertbaren Verfahren zu isolieren – das *Kabel* war geschaffen! –, konnte jetzt auch das unterirdische Verlegen der Leitungen praktiziert werden.[19]
Siemens baute 1848/49 die zu dieser Zeit größte Telegraphenlinie Europas von Berlin über Eisenach *(bis hierhin unterirdisch)* bis nach Frankfurt a. M.[19]
Die Telegraphie zog die erste Ausnutzung der Elektrizität nach sich, sie war der eigentliche Ausgangspunkt der »Elektrotechnik«. Werner Siemens hatte 1879 erstmals diesen Begriff geprägt. Bald nach seiner Dynamomaschine (1866) folgten praxistaugliche elektrische Lampen und die Teilung des elektrischen Stroms...
Es bleibt ungeklärt, ob Marcus in die »Telegraphen-Bauanstalt Siemens & Halske« bereits (technisch) aus-

gebildet oder lediglich als Hilfskraft eingetreten ist. Er wird in dieser Zeit zweifellos viel auf den Gebieten der Mechanik und Elektrotechnik gelernt haben – das Rüstzeug für seinen weiteren Werdegang!
Dass er die Berliner Gewerbeschule besucht haben könnte, geht aus dem späteren Nachruf des Wiener Elektrotechnischen Vereins hervor.[20] Durchaus denkbar, dass er hier neben seiner eigentlichen Tätigkeit einige Kurse belegt hat.
Mit 32 Arbeitskräften verfügte Siemens & Halske Ende des Jahres 1849 über die größte Belegschaft unter allen mechanischen Werkstätten in Berlin. Wöchentlich wurden vier Telegraphen hergestellt.[21] Zwei Jahre später erwarb die Firma ein großes Grundstück in der Markgrafenstraße 94 und ließ zügig im hinteren Terrain ein Fabrikgebäude errichten. 1852 erfolgte der Umzug. Das expandierende Unternehmen, das angetreten war, eines der größten in Deutschland zu werden, beschäftigte jetzt 90 Mitarbeiter.
Genau dies mag der Grund für Marcus´ Weggang gewesen sein. Der jüdische Autor Felix A. Theilhaber erklärt es folgendermaßen: Es sei ja bekannt, wie uninteressiert der jüdische Arbeiter an der Mitarbeit in

großen Unternehmungen ist, sofern seine Tätigkeit rein mechanisch wird. In Großbetrieben habe er niemals gern geschuftet. »Abgesehen von einzelnen Ausnahmen, meidet [er] die Fabriken mit hoher Arbeiterzahl. Er zieht eine dumpfe, kleine Quetsche den weiten Fabrikpalästen vor, die den letzten Rest der Persönlichkeit ertöten«.[14]

Erste berufliche Schritte in Wien

Wie es damals unter Handwerksburschen üblich war, zog Marcus nun weiter – nach Wien. Warum er sich die Donaumetropole auserkoren hatte und wie sich dort die allererste Zeit seines Aufenthaltes gestaltete, muss offen bleiben.

Das Jahr 1853 sieht ihn jedenfalls bei dem k.k. Mechaniker Karl Eduard Kraft, der eine Werkstatt in Wieden betrieb. Lange hielt es ihn hier nicht, denn schon 1854 verdingte er sich als Mechaniker am k.k. Physikalischen Institut der Universität in Erdberg. In den Laboratorien des Instituts erwarb er sich durch die Konstruktion einiger Apparate (Regulator für Gaslampen[28a], Zeichengeräte u.a.m.) einen guten Ruf. Vorträge und Publikationen über seine Arbeiten machten ihn weiter bekannt. Es erfolgte die Ernennung des »talentvollen jungen Mannes« zum Korrespondierenden Mitglied der k.k. Geologischen Reichsanstalt.

Abermals ein Wechsel, und das wiederum nur für die Dauer etwa eines Jahres: 1855 war er in die k.k. Medizinisch-Chirurgische Militärakademie des Josephinums (im Alsergrund) eingestellt worden, wo er ein kleines chemisches Laboratorium und eine mechanische Werkstatt vorfand[2]. Seine Aufgabe war es, einem der bedeutendsten Physiologen seiner Zeit zur Hand zu gehen. Prof. Dr. Carl Ludwig (1816-1895) hatte eben erst einen Lehrstuhl für Physiologie und Zoologie am Josephinum erhalten. Auf sein zehnjähriges Wirken in Wien geht z.B. die Aufklärung der Grundvorgänge beim Austausch der Atemgase zurück.

Zweifellos wird Marcus, ungeachtet seines kurzen Aufenthaltes im Josephinum, einige weitere spezielle Kenntnisse erlangt haben, so auf chemischem Gebiet. Im Jahrbuch der k.k. Geologischen Reichsanstalt von 1856 wird ein von ihm gebautes Gerät, ein »Thermolysimeter«, vorgestellt, mit dem das »Löslichkeitsverhältnis von Salzen...« ermittelt werden konnte.

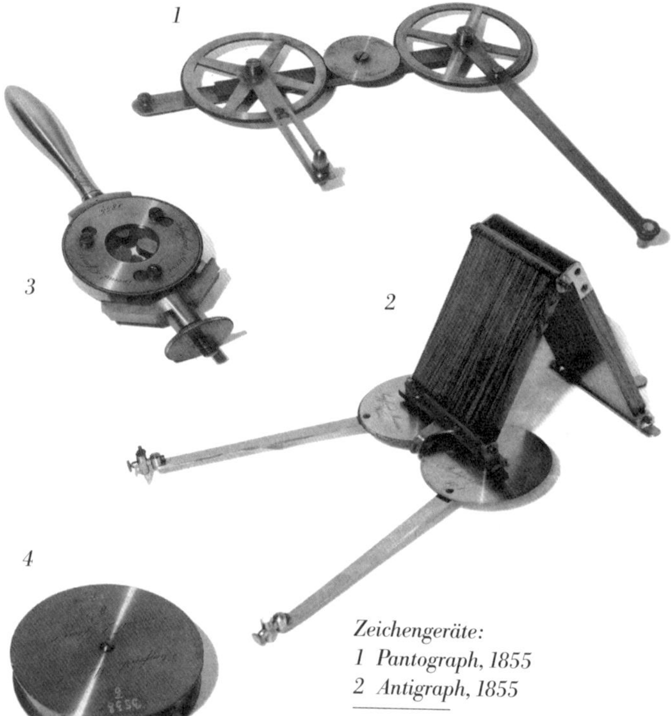

Zeichengeräte:
1 Pantograph, 1855
2 Antigraph, 1855

3 Gewindeschneidkluppe, 1855
4 magnetisches Vorhängeschloss

(Quelle: Im Heimatmuseum Malchin ausgestellte Leihgaben des TMW – Aufnahmen: Michael Böttcher, Malchin, 2004)

Telegraphen-Bauanstalt

Der Mechaniker und angehende Erfinder wird sich, da es ihn nirgendwo hielt, längst mit dem Gedanken getragen haben, in die Selbständigkeit zu gehen.

Schon Goldbeck hatte in seiner Schrift von 1961[20] vermutet, dass Marcus bereits unabhängig gewesen sein müsse, als er seine fünf auf Telegraphen bezogenen österreichischen »Privilegien« (Patente) einreichte, die ihm 1858 bis 1862 erteilt worden sind. In sämtlichen Veröffentlichungen zu Marcus hatte es stets gleichlautend geheißen, dass er im Jahr *1860* in der *Mariahilfer Straße 107* selbständig geworden war.

Die Ende der 1990er Jahre von Bürbaumer und Hardenberg betriebenen umfangreichen Recherchen haben diesen Fehler nun korrigiert.[1/2] Marcus war demzufolge sehr viel früher, nämlich 1856, »sein eigener Herr« geworden und hatte sich erst 1863 unter jener den Marcus-Forschern so eingängigen Adresse niedergelassen. Der anfängliche, im Adressbuch der Stadt verzeichnete Sitz seiner »Telegraphen-Bauanstalt« befand sich in der Neubaugasse 70. Im Jahr 1858 war er hierher gezogen.

Dort, wo Marcus seine Wohnungen* nahm, trafen zwei Vorstädte zusammen: Neubau und Mariahilf. Die Mariahilferstraße bildete genau die Grenze zwischen beiden. Ebenso wie die einige Seiten zuvor erwähnten Vorstädte Wieden, Erdberg und Alsergrund waren sie gerade erst (1850) eingemeindet worden. Bis 1857 umgab noch eine Stadtmauer die Innere Stadt, an die sich die Vorstädte anlehnten.

Nach der Zerstörung von 1683 war diese Gegend neu entstanden. Durch die enorme Bautätigkeit hatten sich hier besonders viele Handwerksbetriebe und nach der Revolution von 1848 zunehmend auch Fabriken angesiedelt. Die Mariahilfer Straße entwickelte sich um die Jahrhundertwende zur größten Geschäftsstraße Wiens. Das Alte musste weichen.

* Trotz der erst 1860 im »Kaiserthum Oesterreich« gewährten Gewerbefreiheit war es Marcus 1856 gelungen, seine eigene Firma zu gründen, anfänglich wohl »aus ihm selbst und kaum mehr als einen mitgeführten Werkzeugkasten« bestehend, denn in der Mariahilfer Hauptstr. 172 (später Mariahilfer Str. 5) musste er sich mit anderen Mietern eine Wohnung teilen. Wie sich aus seinen Privilegienanmeldungen rekapitulieren lässt, war er spätestens 1858 in das Haus Neubau Hauptstr. 230 (Neubaugasse 70) gewechselt. 1863 zog er in die Mariahilfer Hauptstr. 328 (Mariahilfer Str. 107), 1890 verlegte er seinen Betrieb in die Mondscheingasse 4.[2]

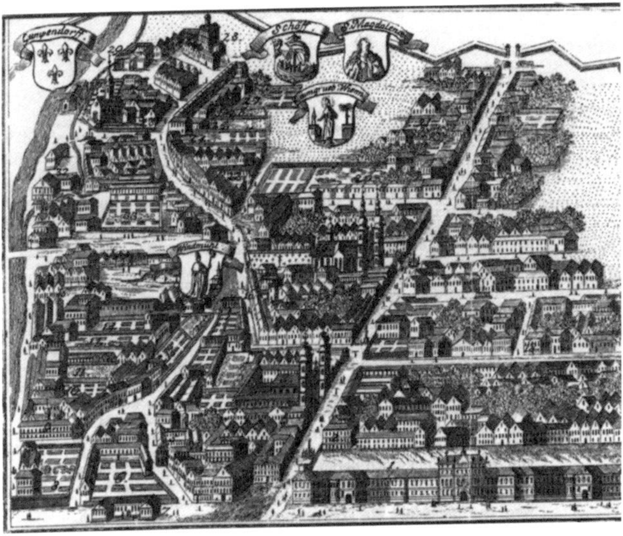

Vogelschauansicht von Mariahilf mit der Gumpendorfer und der Mariahilfer Straße, 1734

»Verkehrschaos bei der Mariahilfer Linie«, Holzstich 1885

(Quelle: Mariahilfer Heimatmuseum, Wien, Broschüre 1966)

Emil Ertl erzählt 1927 in seinen »Geschichten aus meiner Jugend«[10] vom nahgelegenen Schottenfeld, wo die »Handwebstühle noch klapperten«. Der »in der ganzen Vorstadtgegend [als] ›Spinnerich‹ bekannte« Marcus soll sie häufig repariert haben. Wahrheit oder Dichtung? Zwei Jahre später hatte Ertl eingeschränkt, dass diese kleine, etwa auf 1870/71 anzusiedelnde Erzählung »selbstverständlich nicht als Geschichtsquelle« zu werten sei.[22] Mit Blick auf die jahrzehntelangen Diskussionen um die Datierung des zweiten Marcus-Wagens, dessen Ausfahrt Ertl ausführlich beschreibt, hat diese Äußerung besonderes Gewicht.
Wie dem auch sei, es ist keineswegs ausgeschlossen, dass Marcus sich in den ersten Jahren des sicherlich schwierigen täglichen Broterwerbs gelegentlich den Webstühlen der Seidenfabrikanten widmete. Er wird darüber hinaus auch andere kleine, eher profane Aufträge für die Kundschaft ausgeführt haben. Die ersten drei Patente, z.B. auf ein »Sicherheitsventil an Dampfkesseln« und eine »Dreibackige Gewindekluppe«, wurden ihm 1857/58 gewährt.
Jene acht folgenden Patente, die er bis 1862 in den USA, in Österreich, in Preußen und in Sachsen er-

hielt, reflektieren seine Bemühungen auf dem Gebiet der Telegraphie. Zunächst war es die Verbesserung der Morseapparate, wie z.B. ein »Magneto-elektrischer Induktor«, der Marcus seine Aufmerksamkeit widmete. Dann wandte er sich der Weiterentwicklung der Zeigertelegraphen zu. Stellvertretend hierfür mag der »Transportable Feldtelegraph« stehen, auf den sich das nachfolgende Verona-Schreiben bezieht.
Es heißt, dass Marcus 1857 für die Donau-Dampfschifffahrtsgesellschaft eine Telegraphenlinie errichtet haben soll und dass in den frühen 1860er Jahren seine neuen Zeigertelegraphen im Telegraphendienst der österreichischen Eisenbahnen Verwendung fanden[23].
In dieser Zeit versuchte er außerdem, im Telegraphenamt Prag (Linie Prag-Wien) anstelle der damals üblichen galvanischen Elemente eine »magnet-elektrische Maschine«, also einen Generator, zu installieren, was in Ermangelung eines Antriebsmotors misslang.
In dem *auf Seite 23* angeführten Brief von Carl Siemens (1862) heißt es weiter: »Jetzt macht [Marcus] Kriegstelegraphen für die Österreicher und auch die russische Regierung ist beinahe schon handelseins mit ihm geworden. Er will ihr nicht weniger als zehn

magnetische Druckapparate à 70 halbe Imperiale verkaufen. Nach der Beschreibung müssten dies unsere Magnetzeiger [Zeigertelegrafen] sein...«[18]

In einem Schreiben des Festungs-Kommandos Verona vom 18. 5. 1862 wird darüber berichtet, dass Marcus »nach einer Grundidee von Siemens et Halske einen elektrischen Telegrafen-Apparat konstruirt [hat], welcher... keine nassen Elemente besitzt und in Buchstaben telegrafiert, somit unter allen Umständen bequem zu handhaben ist, und zu seiner Anwendung nicht erst besonders abgerichteter Individuen bedarf.«

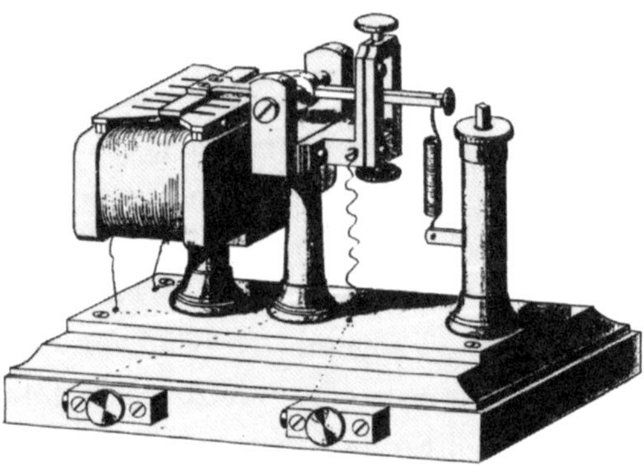

»Elektromagnet für ein Morsesches Relais«, preußisches Patent von 1860 (Quelle: Geheimes Staatsarchiv Preußischer Kulturbesitz)

Es sei der Antrag gestellt worden, eine probeweise »Verbindung zwischen dem Thurme im Castell vecchio und dem Castell Felice... theilweise unter Wasser, theilweise unterirdisch und theilweise als Luftleitung« herzustellen.«[18] Es muss leider hinzugefügt werden, dass der Versuch unbefriedigend verlief.
Trotz einiger Rückschläge scheint sich Marcus einige Jahre recht erfolgreich auf dem Gebiet der Telegraphie betätigt zu haben. Dennoch, die Konkurrenz war erdrückend. Nicht zuletzt hatten solche großen Unternehmen wie Siemens & Halske beachtliche technische Fortschritte erzielt, die sie auch industriell auszunutzen verstanden. So lag es nahe, dass sich Marcus langsam von der Telegraphie abkehrte und sich dem weiten Feld der sich hieraus stürmisch entwickelnden Elektrotechnik zuwandte.
Eine kleine Episode soll dies einleiten. Sie geht auf Alois Christian zurück, der 1863/64 Lehrling bei Marcus war: Eines Tages war der Meister in die Hofburg gerufen worden, um vom Bett der Kaiserin Elisabeth (»Sissi«) eine elektrische Klingelverbindung in das Zimmer der Zofe zu legen. Spontan kniete er sich auf die hochherrschaftliche Ruhestätte und markierte am

Kopfende an der Wand die für den Klingelknopf ausgewählte Stelle. Obwohl dies die Hofsitten gröblichst verletzte, erheiterte es das anwesende Kaiserpaar und den Hofstaat ungemein.[5] Wenigstens scheint es ihm nicht verübelt worden zu sein, denn 1870 gab er dem 12jährigen Kronprinzen Rudolf Physikunterricht.

Es ist unbekannt, wann Marcus seine Lebensgefährtin Eleonore Baresch (1842-1919) kennenlernte. Aus dieser »wilden Ehe« gingen am 4. 10. 1861 Eleonore Marie (verehel. Tosler, † 1905) und am 6. 4. 1869 Rosa Maria Anna († 1919) hervor. Das könnte Marcus, der seit 1878 im Ev. Pfarramt A. B. Wien VI geführt wurde[24], veranlasst haben, sich lutherisch taufen zu lassen.

Minenzünder, Thermosäule, erster Vergaser...

Mit Marcus' Umzug in die Mariahilfer Straße 107 im Jahr 1863 verbindet sich ein unglaublich intensiver, schaffensreicher Abschnitt seines Lebens.

Die »im Hoftrakte... im ersten Stock gelegenen Räumlichkeiten... bestanden aus einem Wohn- und Schlafraum, aus einem Privatarbeitszimmer und aus einem Werkstättenraum. [Letzterer] bestand aus einer Hand-

bohrmaschine, aus einer Drehbank mit Fußbetrieb... und aus einer Werkbank mit zwei Schraubstöcken. Dort arbeiteten die zwei Gehilfen, die Marcus im eigenen Betrieb zu beschäftigen pflegte. Diese stellten nach Marcus' eigenhändigen Skizzen meist nur Musterteile oder die subtileren Details her, während die Fertigung größerer [und sich in großer Zahl wiederholender] Teile meist auswärts vergeben wurde. Dabei war Marcus, um seine Geheimnisse zu wahren, ängstlich darauf bedacht, dass niemals alle Teile seiner Apparate von *einem* Lieferanten hergestellt wurden. Die Fertigmontage seiner Apparate nahm Marcus... in seinem Privatzimmer vor, ... das ohne seine ausdrückliche Aufforderung niemand betreten durfte. Ein großer Montage- und Zeichentisch, ein Pult und Glasschränke mit Modellen und kauffertigen Apparaten bildeten die Einrichtung des Raumes«.[5]
Marcus äußerte einmal über sich selbst, dass er neben seinen Erwerbsarbeiten immer an der Verwertung seiner zahlreichen Erfindungen laboriere[25] und dass er sich nur für seine eigenen Ideen einsetze; mit Erfindungen anderer befasse er sich nicht.[26] – Andere beschreiben Marcus wie folgt: Ihn hätte das Problem

gelockt, dem er eine Lösung abzutrotzen versuche; sobald er eine solche gefunden zu haben glaubte, wandte er sich sofort neuen Fragen zu.[5/14] Weiterhin sei er kein guter Geschäftsmann gewesen, da er seine Ideen zu wenig ausgenutzt hätte...

Eine Anfrage des k.k. Genie-Corps (militär. Ingenieurwesen) wird für Marcus der Anlass und zugleich eine reizvolle Herausforderung gewesen sein, sich mit einem Minenzünder, der bei der Marine* und den Pionieren Verwendung finden sollte, zu beschäftigen. Es lohnte sich schon immer, für das Militär zu arbeiten, und Marcus hatte ja bereits einige Erfahrungen auf diesem Gebiet. Schon bei dem 1858 realisierten »Induktor« war er ohne eine Stromquelle ausgekommen, indem er induzierte Ströme nutzte. Jetzt galt es, einen »compendiösen Apparat zum Sprengen von Minen mittelst des elektrischen *Funkens*...«[27] zu entwickeln. Dabei kam ihm zu Hilfe, dass es ihm 1859 gelungen war, »besonders kräftige Magnetstäbe«** zu erzeugen.

* Für die k.k. Kriegsmarine entwickelte er Seeminen, die 1866 im Krieg gegen Italien (Schutz der Häfen Triest und Verona) eingesetzt wurden. 1872 baute er eine »Zentrale Geschützabfeuerung«.

** Dinglers »Polytechnisches Journal« berichtet 1859 über diese Magnetstäbe[28b], die Marcus gebündelt für seine Zünder verwendete.

2

1

Minenzünder, 1864
1 erster Minenzünder in stehender Ausführung
2 verbesserter, wirksamerer Minenzünder mit Stabmagnetbündel, liegende Ausführung (hier vermutlich die für die magnetelektrische Motorzündung ab 1873 veränderte Form mit rotierender Bewegung)[2]

(Quelle: Im Heimatmuseum Malchin ausgestellte Leihgaben des TMW – Aufnahmen: M. Böttcher, Malchin, 2004)

1864 ließ er sich seinen »Magneto-elektrischen Zündapparat« patentieren, der dann »von verschiedenen Regierungen (u.a. von der preußischen in mehreren Exemplaren) angekauft«[27] wurde. Dieser Erfolg veranlasste Marcus, den in Wien ansässigen Maschinenbauer Georg Sigl mit der weiteren Herstellung zu betrauen. Trotz zahlreicher Verbesserungen an seinen Zündern konnte sich Marcus auf Dauer jedoch nicht behaupten. Wieder einmal waren es Siemens & Halske, die ihn überflügelten. Ihr »Dynamo-elektrischer Apparat zu Minensprengungen« (1868) wurde sehr bald der meistgenutzte Zünder beim Militär[2].

Marcus darf aber den Anspruch erheben, den ersten *magnetelektrischen* Zünder eingeführt zu haben.

In einer früheren Patentanmeldung (»Induktor«) hatte er darauf hingewiesen, wie teuer und umständlich das Hantieren mit den galvanischen Elementen sei, welche ein »Manipuliren mit Säuren« bedingten. Er dachte nun an eine unabhängige, *thermo*elektrische Stromquelle. Strom aus Wärme erzeugen, eine faszinierende Vorstellung! Er konnte freilich nicht wissen, dass seine Experimente – noch heute ist dieses Problem weitgehend ungelöst[2] – nicht von Erfolg ge-

krönt sein *konnten*. Das Grundprinzip dieser »Thermosäule« beschreibt Constantin Wurzbachs Biographisches Lexikon von 1867[30], das dem Erfinder einen längeren Artikel widmet. Knapp und sehr vereinfacht dargestellt: Spezielle, »geschickt ausgewählte Metall-Legirungen«, die durch eine Gasflamme an ihren zusammengeschraubten Enden erwärmt werden, fungieren als »Elektricitäts-Erreger«.
Wie schon angedeutet, waren alle weiteren Versuche praktisch zum Scheitern verurteilt. Gleichwohl fanden sie eine große Anerkennung in der Öffentlichkeit, offenbar auch der hohen Erwartung wegen, die an sie geknüpft waren. Auf der Weltausstellung in Paris im Jahr 1867 wurden einige seiner Erfindungen gezeigt – neben Minenzündern und Feldtelegraphen unterschiedlicher Bauart ebenso die »Thermosäule«. Die internationale Jury erkannte Marcus eine silberne Medaille zu und Kaiser Franz Joseph I. verlieh ihm das Goldene Verdienstkreuz.
Eine Erfindung zog die andere nach sich. Für die notwendige Beheizung der ursprünglich in viel größerem Maßstab geplanten Thermosäule hatte er neben einem Kohleofen auch eine »Gaslampe« vorgesehen.

Bereits 1815 verfügte London über ein 42 km langes Leitungsnetz für die Straßen- und Zimmerbeleuchtung. Das aus Steinkohle gewonnene Leuchtgas fand dann rasch in Europa Verbreitung. Die Leuchtkraft der Flammen indes war relativ gering, eher heizten sich die Räume auf... Ab Anfang der 1860er Jahre wurde Leuchtgas auch als Brennstoff für Gasmotoren eingesetzt, was sich natürlich auf eine stationäre Nutzung beschränkte. Es sei denn, das Gas ging in einem Vorratsbehälter mit auf die Reise, so wie bei dem von Lenoir 1863 konstruierten Straßenfahrzeug geschehen. Eine autarke und effektive Brennstoffquelle für Lampen, Heizungen und Motoren musste her!

Es soll dahingestellt bleiben, ob Marcus tatsächlich der erste war, der das hochexplosive Benzin-Luft-Gemisch als *den* alternativen Brennstoff zum Leuchtgas erkannt und von Anbeginn – neben seiner Nutzung für Leucht- und Heizzwecke – auch eine Verwendung für mobile Motoren ins Auge gefasst hat.

Das Benzin musste damals teuer aus Apotheken bezogen werden. Die Herstellung des neuen »Leuchtgases« erfolgte anfangs durch bloße Verdunstung, indem Luft durch einen benzingefüllten Behälter hindurchgeleitet wurde. Aus Vorsichtsgründen kam zur Entzündung der »Lampe« eine lange Stange zum Einsatz, an deren Ende sich eine offene Flamme befand. Damit war der »Vergasungs«-Prozess eingeleitet.

»Bei diesen Versuchen, die zuerst an recht primitiv konstruierten ›Vergasungslampen‹ gemacht wurden, [sei] es des öfteren zu kleineren Explosionen« gekommen, schildert der frühere Lehrling Alois Christian.[5] Vermutlich wird dies Marcus den Verlust eines Fingers der rechten Hand eingebracht haben.[2/5]

In der Folge gelang es ihm, »einen Apparat zu konstruieren, welcher äußerst einfach und billig herzustellen ist und dem Zweck, Leuchtgas [aus Benzin] in größeren Mengen zu erzeugen, entspricht.« In seiner Patentanmeldung führt er auch andere auf, die sich vor ihm mit Vergasern beschäftigt hätten.*

Nach dem 1865 patentierten »Apparat zum Carbonisiren der atmosphärischen Luft«, bestehend aus einem Zellengefäß für die »Vergasung«, einem Luftbalg und einem Brennstoffbehälter, folgte im Jahr darauf

* Auch Hardenberg verweist auf mehrere, teils selbst von Marcus aufgeführte Vorgänger, die sich mit Vergasungsapparaten befasst hätten, so z.B. Louis-Pierre Mongruel (Oberflächenvergaser 1862).[2]

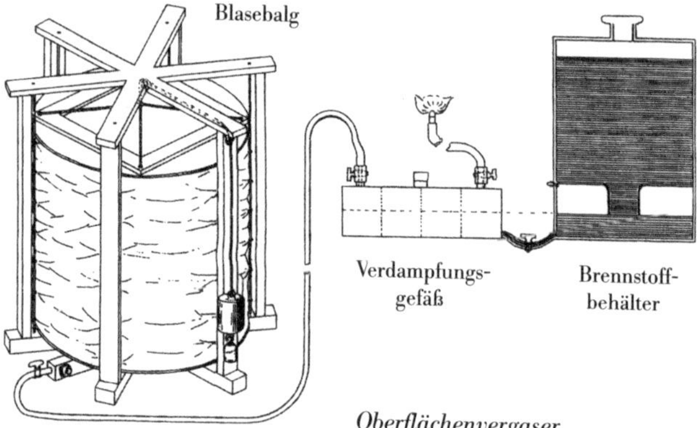

Oberflächenvergaser

(»Apparat zum Carbonisiren der atmo-spärischen Luft«, österreichisches Privileg von 1865)

ein verbesserter Oberflächenvergaser. Marcus nannte ihn schlicht »Apparat zur Luft-Gas-Erzeugung«. Die Verwendung dieses Vergasers für den bereits entwickelten Gasbrenner hatte sich aber zum Betreiben seiner Thermosäule erst einmal erübrigt. Es sei noch ergänzt, dass Marcus 1893 um ein Patent für »*Neuerungen* an Thermo-Elementen« ersuchte und dass er weiterhin bemüht war, Gaslampen und -brenner zu verbessern, wovon zahlreiche ihm ab 1887 zugestandene Patente zeugen.

»Astralgas« und andere Erfindungen

Marcus setzte nun zielgerichtet seinen Vergaser zum Betreiben von Leuchtapparaten ein.
Albert H. Curjel, der in Marcus' Nachbarschaft eine Nähmaschinenfabrik betrieb, erinnert sich: »Im Hofe seines Hauses stand eine Laterne, die er mit dem von ihm erzeugten Gas speiste. Er gewann das Gas aus Petroleum [Benzin] und nannte es Astralgas.«[6]

In Dinglers »Polytechnisches Journal«, Jg. 1866, wird von einer Gesellschaft in Wien berichtet, die Marcus' »Apparate zur Beleuchtung mittelst Luft in einer solchen Größe ausführt, daß ein Etablissement mit 100 und mehr Flammen versehen« werden könne.[28c]

Wie Marcus 1872 in seiner Württembergischen Patentanmeldung schreibt, sei es ihm ungleich schwerer gefallen, einen für den Haushalt geeigneten »*Kleinen* transportablen Leuchtgaserzeugungsapparat« zu konstruieren. Ein starkes Uhrwerk setzt hierin wechselweise zwei Bälge in Bewegung, so dass Luft auf »einem Schlangenwege« durch eine größere Anzahl mit Kapillarstoffen gefüllter Behälter (»am besten fest zusammengepreßte Haare«) strömt. Dabei »qualifiziert sich die mit Oel [Benzin-]dämpfen zu schwängernde Luft zu einem vorzüglichen Leuchtgas«, das an den Brennern oder Kandelabern ein helles weißes Licht erzeugt. Für den Oberflächenvergaser wählte er die Bezeichnung »Carborateur«.[36]

Die von Marcus eingerichtete Filiale in der nahgelegenen Aegidigasse 7 ist im Adressbuch der Stadt (1873) vermerkt: »k.k. priv. Astral-Gasbeleuchtungsanstalt«. Sie blieb für ihn allerdings nur eine kurze Episode, denn bald danach übertrug er sie auf den aus seiner Heimatgegend stammenden Otto Passow.[2] Doch in den darauffolgenden Jahren setzte sich die einfachere und billigere Petroleum-Dochtlampe durch, wie jene der Berliner Firma Wild & Wessel.

Teilweise wird Marcus mit seinen Erfindungen, wie mit den Feldtelegraphen und Minenzündern, beachtliche Einnahmen erzielt haben. Sie ermöglichten es ihm, seine materialaufwändigen Modelle zu finanzieren und einige notwendige Dinge, wie z.B. Dynamomaschinen von Siemens[18], anzuschaffen. Desweiteren waren hohe Kosten für die Anmeldung und Aufrechterhaltung seiner zahlreichen Patente zu bestreiten. Es ließen sich bisher ca. 130 Patente in 15 Ländern,

davon 39 in Österreich, ermitteln[2] (!) Weil Marcus jedoch der erhoffte kommerzielle Durchbruch verwehrt blieb, werden ihn öfter Geldsorgen gedrückt haben. Die in den 1870er Jahren einsetzende Weltwirtschaftskrise war auch deutlich in Wien zu spüren.
Not macht erfinderisch, und so kam es, dass Marcus hin und wieder als »Zahnartist« agierte. Sein Nachbar Albert H. Curjel berichtet später, Marcus habe ihm eines Tages unbedingt die Zähne plombieren wollen. Denn er habe eine Plombiersubstanz erfunden, die sofort erstarre, wenn sie in den hohlen Zahn gefüllt werde. Aber er, Curjel, wäre bei allem Vertrauen zu seinem Landsmann dann doch lieber zu einem zünftigen Zahnarzt gegangen...[6]
Geradezu kurios mutet die Liste jener »nebenbei« getätigten Erfindungen an, für die kein Patentschutz beansprucht wurde und die irgendwann still in der Versenkung verschwanden. Da waren eine »Schnellfeuernde Waffe« (30 Schuss/min.), ein Walfischmesser, ein »lautsprechendes Mikrophon«, ein magnetelektrisches Feuerzeug, ein Krawattenbefestiger, »höchst sinnreiche Apparate« zur Erforschung der Beschaffenheit des Meeresgrundes sowie Hokuspokus-Apparate für den

Zauberer Kratky-Baschik auf dem Wiener »Wurstelprater«. Hinzu kam der 1876 patentierte Bilderapparat »Revue«, der das Betrachten von 50 bis 100 Fotografien in automatischer Abfolge ermöglichte.
Ein »langjähriges Leiden«, das gelegentlich den Fortgang seiner Arbeiten einschränkte[7] – gemeint sind hier Schmerz- und Lähmungserscheinungen der linken Gesichtshälfte –, mochte einem Nachruf des Neuen Wiener Tageblatts im Jahr 1898 zufolge seine Ursache in der Ausprobierung einer Dynamomaschine (elektrischer Schlag) gehabt haben[24]. Auf Grund mehrerer missglückter Operationen, die ihn auch den Lidrand des linken Auges kosteten, trug er eine selbstgefertigte künstliche Wange aus feinem Pelz.

Erster Marcus-Wagen

In der Zwischenzeit, etwa ab Mitte der 1860er Jahre, hatte sich Marcus dem komplexen und schwierigen Gebiet der Verbrennungsmotoren zugewandt.
Es zwingt sich an dieser Stelle die objektivierende Frage auf, ob er überhaupt dazu in der Lage war, bis zum Jahr 1864 seinen (ersten) »Motor-Wagen« fertig-

zustellen, wovon die einen ja immer noch ausgehen. Gegen diese frühe Datierung spricht übrigens auch, dass sein Vergaser erst 1865/66 patentiert wurde.
»Einen Explosionsmotor zu construieren, welcher, losgelöst von dem Gasröhrennetze, aller Orten aufgestellt und sofort in Betrieb gesetzt werden kann, mit einem Worte,... ihn mobil zu machen«, so formuliert Marcus sein Anliegen.[29] Auf dem Weg dorthin war es ihm bereits gelungen, ein zweckmäßiges Benzin-Luft-Gemisch und einen Vergaser zu entwickeln.
Basierend auf dem Minenzünder von 1864 könnte er für seinen ersten Benzinmotor von 1870 eine entsprechende magnetelektrische Zündanlage entwickelt haben – *könnte*... Auch hier gehen die Meinungen auseinander. Leider lässt sich eine solche Zündung auf den zeitgenössischen Fotos nicht verifizieren.
Ackermanns Gewerbe-Zeitung von 1890[8] weist zwar in ihrem Bericht über den »mobilen Petroleum-Motor« von 1870 auf einen »magnet-elektrischen Zündinduktor« hin, aber vorerst wird Marcus noch auf die damals verbreitete elektrische Zündung (von galvanischen Elementen gespeiste Rühmkorff-Spule) zurückgegriffen haben, wie sich aus seiner späteren Patent-

anmeldung auf einen »Magneto-elektrischen Zündapparat für Explosionsmotoren« (1883) ableiten lässt: »Dies bewog mich schon im Jahre 1873 die Erzeugung des elektrischen Stromes ohne Batterie, und zwar mittelst eines Magnetinductors zu bewirken, welcher evtl. durch den Motor selbst betrieben wird.«

Erst für seinen verbesserten »stabilen Motor ähnlicher Construktion«, den er 1873* von der Maschinenfabrik Georg Sigl in Wien anfertigen ließ[7], ist also das Vorhandensein eines magnetelektrischen Zünders belegbar. Zwei Jahre später wurde »desgleichen ein verticaler Motor[7]« in der Maschinen- und Waggonfabrik von Heinrich Daniel Schmid in Wien-Simmering gebaut. Diese verdichtungslosen, vermutlich durchweg *direktwirkenden* »Zweitakt«[2]-Motoren entsprachen im Prinzip dem im Jahr 1860 von Jean Joseph-Étienne Lenoir konstruierten Gasmotor.**

* In einer Schrift des Reichspatentamtes heißt es: »1873 entstand die Oel[Benzin-]maschine als eine der Lenoirschen Gasmaschine nachgebildete Zweitaktmaschine«[31] – ein Verweis auf Marcus?

** Hardenberg unterscheidet bei den *verdichtungslosen* Motoren, die generell nur zwei Takte dauern (womit die Angabe »Zweitakt« überflüssig ist), zwischen drei Gruppen: atmosphärisch, Freikolben und *direktwirkend – mit Kurbeltrieb u.a. bei Lenoir, Marcus.*[2]

Jüngster Nachbau des ersten Marcus-Wagens im Malchiner Heimatmuseum (das Original ist nicht mehr vorhanden)
Länge: 237 cm
Höhe: 226 cm
Schwung(hinter-)räder: Ø 84 cm
Vorderräder: Ø 58 cm
Achsabstand: 142 cm
Angaben aus Austro Classic 3/2003, G. Rott
(Aufnahme: M. Böttcher, Malchin, 2004)

»Petroleum (Benzin) Motor zum Betriebe eines Straßenwagens« von Marcus, 1870
(Quelle: Deutsches Museum München)

Marcus gebührt uneingeschränkt die Ehre, sich erstmals einer magnetelektrischen Zündung für einen Verbrennungsmotor bedient zu haben!
Über eine etwaige Vermarktung seiner Motoren ist nichts bekannt. Nachdem Nicolaus August Otto 1876 das Patent auf den Viertaktmotor erhalten hatte, war weltweit die Entwicklung von Zweitaktmotoren (mit Verdichtung) forciert worden[2], was den Verkauf der Marcusschen Motoren nicht gerade erleichterte.
Die »Mythographen« meinen, Marcus hätte schon 1868 mit der Entwicklung eines Viertakt-Motors begonnen. Ginge es nach ihnen, wäre der zweite Marcus-Wagen jetzt, 1875, mit einem solchen unterwegs...
Doch zurück zum ersten Marcus-Wagen. Der Motor war auf einem Handwagen in einem hohen senkrechten Rahmen montiert. Seine Kolbenstange hatte über Kreuzkopf und zwischengefügte Volutfeder eine Verbindung mit zwei langen Pleuelstangen, welche wiederum auf die gekröpfte Kurbelwelle (gleichzeitig Hinterachse) wirkten. Markante Merkmale dieses Vehikels waren die zugleich als Schwungräder dienenden Hinterräder, so dass bei einem Startversuch der Wagen hinten angehoben werden musste, sowie

die über dem Motor befindliche kegelförmige »Federvorrichtung zur Neutralisirung der Explosionsstöße«[4]. Marcus war es am Anfang lediglich darauf angekommen, zu beweisen, dass der motorisierte Handwagen sein Eigengewicht und evtl. auch mehr fortzubewegen vermochte. Immerhin soll dieser laut dem Curjelschen Bericht von 1904 bei der angeblichen Probefahrt von 1966 – mit nämlichem Passagier an Bord, Marcus die »Lenkung« betätigend – »eine Strecke von gut 200m«[6] bewältigt haben. Anderen Quellen nach sollen Ausfahrten mit provisorisch eingebauter Sitzgelegenheit und Lenkung 1870 (mit Gästen des Cafés Gabesam)[8], 1872[32] und 1875[33] auf der Mariahilfer Straße und in den beiderseits gelegenen Gassen von Mariahilf und Neubau erfolgt sein.

Es werde Licht – und es ward Licht

Aus der einstigen Marcusschen »Telegraphen-Bauanstalt« war 1873 eine »Fabrik mechanischer u. physikalischer Instrumente u. Apparate« geworden.
Marcus wusste natürlich von der 1866 durch Siemens erfundene Dynamomaschine, die »elektrische Ströme von unbegrenzter Stärke auf billige und bequeme

Weise... erzeugte«[19], da er aufmerksam die technische Entwicklung in der Presse verfolgte und auch durch seine Korrespondenzen stets gut informiert war.* Und was lag näher, als diesen Generator auch und vor allem (!) für das Betreiben elektrischer Lampen einzusetzen? Viele arbeiteten damals daran, praktisch verwertbare Leuchtquellen auf den Markt zu bringen. Es lockten Ehre und große geschäftliche Erfolge!

»Ich konnte bisher keine größeren Versuche anstellen, da mir hierzu eine entsprechende dynamo-electrische Maschine, sowie ein Motor zu deren Betriebe fehlte. Durch Ihre Güte bin ich nun in den Besitz der ersteren gelangt und ein 4 Pferdekräftiger Gasmotor wird gegenwärtig bei mir aufgestellt. Auch habe ich bereits 24 Lampen fertig«, schrieb Marcus im November 1878 an Werner Siemens.[18]

Bei den Lampen konnte er sich ebenfalls auf schon früher vollzogene technische Entwicklungen stützen,

* So schrieb er am 17.11.1878 an Werner Siemens, dass er kürzlich die Konstruktion einer Bogenlampe »aus einer englischen Zeitung ersehen« hätte.[18] Er korrespondierte mit »den hervorragendsten Geistern« jener Zeit, u.a. mit den Physiologen Helmholtz und Brücke, mit den Physikern Ettinghausen und Mach[1] und mit den Elektrotechnikern Rühmkorff und Siemens...

die freilich noch ihrer Verbesserung harrten. Marcus versprach sich von den Bogenlampen* Erfolg.
Seine eigentliche Erfindung bestand darin, dass er den bis dahin praktizierten Abstand zwischen den Polen (Kohlenstäben) aufhob und eine ständige leichte Berührung herstellte, so dass bei Stromdurchfuhr kein Lichtbogen, sondern ein gleichförmiges Glühen hervorgerufen wurde. Damit war ein konstanter elektrischer Widerstand gegeben, was das Betreiben *mehrerer* Lampen möglich machte – die Teilung des elektrischen Stroms durch Parallelschaltung!
»Marcus in Wien... hat gefunden, dass die drehbare Kohlenscheibe, gegen deren Umfang das Kohlenstäbchen [exzentrisch] drückt, bei der langsamen Verbrennung des Stäbchens in selbsttätige Rotation versetzt wird, wodurch das Einbrennen von Löchern in dieselbe vermieden wird«, heißt es in einem 1880 von

* Die Bogenlampe geht auf Ritter (1801) und Davy (1800/1812) zurück. Die beiden Hauptarten damaliger elektrischer Leuchtquellen waren die Bogenlampe und die Glühlampe. Erste Versuche zur letzteren wurden von Grove (1845) und Goebel (1855) vorgenommen, bis Edison schließlich 1878 eine praxistaugliche Glühlampe patentieren ließ (1881 eingeführt). Wegen ihres stärkeren Lichts wurde aber vorerst noch die Bogenlampe favorisiert.[31]

Hefner-Alteneck gehaltenen Vortrag.[34] Ein weiterer Vorteil war, dass die Lampen ein »hübsches konstantes Licht« abgaben[18]. Die Firma Siemens & Halske erwarb zwar 1879 das diesbezügliche deutsche Patent, nutzte es aber nicht aus.
Die Installation zweier Lampen vor dem Carltheater im Jahr 1878 war zugleich die erste öffentliche elektrische Beleuchtung Wiens. 1879 führte Marcus 42 seiner »Eigenthümlichen elektrischen Glühlichtapparate« (siehe Vortrag) in der Wiener Jutefabrik vor.
13 Patente, die er in den Jahren 1877 bis 1879 in fünf Ländern erwarb, beziehen sich auf seine elektrischen Lampen. Kaum erfunden, waren sie durch die lichtstärkere Differential-Bogenlampe von Hefner-Alteneck und die Glühlampe von Edison bereits überholt...

Arbeitsmotoren und zweiter Marcus-Wagen

Die 1885 in Antwerpen stattfindende Weltausstellung zeigte drei Exponate »Systems Marcus«. Neben einer Rotations(zahnrad-)pumpe mit Antriebsmotor – beide 1882 erbaut – wurde ein 1885 entstandener Benzinmotor vorgestellt. Der letztgenannte Motor und die

Pumpe* waren bei Heilmann-Ducommun & Steinlen im elsässischen Mulhouse in Auftrag gegeben worden.[2] Schon 1882 hatte Marcus »als Vorversuch eine Otto-Gasmaschine auf Petroleum [Benzin] mit Vaporisator und Zündapparat mit bestem Erfolge umgebaut«[7]. Es war ihm nun klar geworden, dass mit den unwirtschaftlich arbeitenden Motoren ohne Verdichtung keinerlei Erfolge mehr zu erzielen waren.

Die Patentrechte der Gasmotoren-Fabrik Deutz (Otto und Langen) verhinderten jedoch vorerst die Verwertung des Viertaktverfahrens, so blieb ihm nur, mit dem Zweitaktmotor weiterzuarbeiten. – Nachstehend sollen sie als *Arbeitsmotoren* bezeichnet werden.

Der oben erwähnte »Vaporisator« stellte einen von Marcus neu entwickelten bemerkenswerten Vergasertyp dar: In einem etwa bis zur Hälfte gefüllten Kraftstoffgefäß rotiert ein Bürstenrad oder ein über zwei

* 1882/83 erhielt Marcus in mehreren Ländern sechs Patente auf »direct rotirende Maschine[n...], welche ebensowohl als Saug- und Druckpumpe für tropfbare und gasförmige Flüssigkeiten, wie auch als Motor verwendet werden [können], wenn Flüssigkeiten durch dieselbe gepreßt werden.« 1892/93 kamen weitere fünf Patente auf eine Rotationsmaschine (Rotary Engine[35]) anderer Bauart hinzu. Allein, Marcus hatte mit seinen Pumpen nur wenig Erfolg.

Rädern laufendes Bürstenband, von dem das tropfenförmig nach oben transportierte Benzin abgestreift und dabei in die Ansaugluft gestäubt wird.
Zur selben Zeit entstand eine neue magnetelektrische Zündvorrichtung (Abreißzündung mit stirnseitig aufeinandergepressten Elektroden). In der dann bis 1883 weiterentwickelten Form schleift zur Vermeidung von Oxidbildung ein beweglicher nockengesteuerter Stift zunächst auf einem feststehenden Stift, bevor er sich von diesem entfernt und einen Funken verursacht.[2/20]
Den Zündstrom lieferte der modifizierte Minenzünder von 1864/73 *(S. 39)*. Neu war jetzt eine Kurbelschleife, die eine pendelnde Ankerbewegung erzeugte[37].
Der Bürstenvergaser mit dem nachfolgend aufgeführten *Detail* und die Zündvorrichtung fanden später Verwendung im zweiten Marcus-Wagen. Während beide 1882/83 in mehreren Ländern patentiert wurden, erlangte die *Vorwärmung* des Vergasers erst 1887 einen Patentschutz (österreichisches »Privileg«).[2]
Vor allem mit dem Zünder – seiner wohl bedeutendsten Erfindung! – hätte Marcus einen beträchtlichen Geschäftserfolg erringen können. Leider versäumte er es, gegen die Deutzer Firma, die selber recht klage-

freudig gegenüber anderen war, rechtlich vorzugehen. Sie war unabhängig von ihm zu einer ähnlichen Lösung gelangt und nutzte die magnetelektrische Abreißzündung seit 1885[20]. Damit verletzte sie eindeutig Marcus' deutsches Schutzrecht. Robert Bosch wusste ab 1897 diese Zündungsart industriell auszuwerten.

Zwischen 1882 und 1885 setzte Marcus seine patentierten »Verbesserungen«/»Neuerungen an Explosionsmotoren« (1882/83) praktisch um. Es entstanden Arbeitsmotoren in einer stehenden Ausführung und in zwei liegenden Bauarten. Bezeichnenderweise wurden sie in jeweils verschiedenen Maschinenbaufirmen (Schultz & Göbel, Ganz & Co., Ducommun...) gebaut. Sie blieben jedoch Einzelstücke, keine Firma sah sich veranlasst, eine Serienproduktion aufzunehmen. Die Konkurrenz hatte jegliche Marktnische ausgelotet.

Marcus war deshalb froh, in der Prager Firma Märky, Bromovsky & Schulz endlich einen Lizenznehmer gefunden zu haben. Mit dem Fall des Otto-Patents auf den Viertaktmotor im Jahr 1886 (in Österreich erlosch es zwar 1893) waren deutlich bessere Vermarktungschancen für die Arbeitsmotoren gegeben, deren serienweise Herstellung 1887 begann. In einem Prospekt aus dieser Zeit wirbt Marcus für seine verschiedenen Motortypen: »Die Construction derselben ist sowohl für den Zwei- wie für den Viertact ausgeführt, und zwar in verticaler und horizontaler Anordnung mit Kreuzkopf- und Balancirführung«[38], darunter auch eine »Locomobile für landwirthschaftliche Zwecke, elektrische Beleuchtung, Pumpen, Feuerspritzen etc.« Die Produktion wurde irgendwann in der ersten Hälfte der 1890er Jahre eingestellt, noch 1891 waren Motoren »an die italienische Regierung vielfach verkauft«[2] worden. – Jetzt hätte übrigens umgekehrt seitens der Deutzer Firma die Möglichkeit bestanden, ihr österreichisches Schutzrecht auf Viertaktmotoren einzufordern; sie tat es seltsamerweise nicht.

1888 stellten die Adamsthaler Werkstätten (Märky...) jenen Motor her, der Eingang in den *zweiten Marcus-Wagen* fand. Er hatte bereits »alle wesentlichen Merkmale eines heutigen Verbrennungsmotors«[39].

Marcus' Automobil kann weltweit als das erste Kraftfahrzeug angesehen werden, das eine magnetelektrische Abreißzündung aufwies. Auch der von ihm erfundene Bürstenvergaser (erst 1893 hielt der technisch überlegene Spritzdüsenvergaser von Maybach Einzug)

Fahrgestell:	*kastenförmiger Eichenholzrahmen mit zwei Sitzbänken für je zwei Personen / Vorderachse gefedert (Halbelliptikfedern) / Hinterachse gefedert (je zwei Gummipuffer)*
Motor:	*wassergekühlter Einzylinder-Viertaktmotor mit Magnetabreißzündung und Spritzbürstenvergaser*
Lenkung:	*Handrad mit Schnecke – Lenksäule – Drehschemel*
Kraftübertragung:	*Kolben – Kolbenstange – Balancier – Pleuelstange – Kurbelwelle – Kupplung – Antriebswelle mit 5 Seilrillen – Antriebsseile – Seilrolle auf Hinterachse – Hinterräder*
Bremsung:	*zwei Holzklötze wirken auf die eisenbereiften Hinterräder (zugleich Betriebs- und Feststellbremse)*
Getriebe:	*nicht vorhanden (1x untersetzter Riemenantrieb)*
Parameter:	*Bohrung/Hub 100,2 x 199,4 mm | Hubraum 1.572 cm³ | Leistung 400-600 W (bei 250-300 min⁻¹) | 6-8 km/h*

***Zweiter Marcus-Wagen**, 1888/89, hier mit hochgeklapptem Rücksitz*
(Quelle: »Forum der Technik – Die Welt im Zeichen des Motors«, Zürich 1962)

und andere für die damalige Zeit herausragende konstruktive Details verdienen unseren größten Respekt. Noch heute ist der glücklicherweise erhalten gebliebene und sogar fahrbereite* zweite Marcus-Wagen im Technischen Museum Wien zu bewundern.

Ob es noch einen »dritten Marcus-Wagen von 1889« gegeben hat, kann und soll hier nicht besprochen werden. Er ist ein Gegenstand der teils schon skurrile Züge annehmenden Marcus-Diskussion. Und ob das im Sinne des Erfinders ist?

Wenn auch »schon kranken Körpers«[7/40] brachte Marcus es ab 1890 noch zu mindestens 65 (meist identischen) Patenten in zehn Ländern, die sich indes nicht mehr mit Motoren beschäftigten.

Ihm war es noch vergönnt, seinen zweiten Wagen auf der großen »Jubiläumsausstellung« 1898 in Wien ausgestellt zu sehen. Kurz darauf, in der Nacht zum 1. Juli 1898, starb er an Herzversagen.

Auf der Pariser Weltausstellung 1900 wurde sein Automobil nochmals gezeigt. Eine späte Ehre, immerhin.

* 1950 wurde der zweite Marcus-Wagen von Ing. A. Buberl[3] instandgesetzt und erstmals wieder ausgefahren. Im Rahmen einer Diplomarbeit (Ing. R. Schwanzera) ist der Motor 1987 restauriert und dokumentiert worden. Es folgten weitere Ausfahrten.

Von Walter Preik, Waren/Meckl., gestaltete Marcus-Gedenktafel in Malchin. 1988 wurde sie am Hotel und Restaurant »Marcus« (anstelle des 1985 abgebrochenen Geburtshauses von Marcus errichtet) angebracht

(Aufnahme: M. Böttcher, Malchin, 1996)

Literatur/Quellen *(Bildquellen siehe Bildtexte)*

1 Mag. Ursula Bürbaumer: »Das erste Auto der Welt?«, Wien 1998
2 Prof. Dr. Horst Hardenberg: »Siegfried Marcus – Mythos und Wirklichkeit«, Schriftenreihe des DaimlerChrysler Konzernarchivs, Band 3, Bielefeld 2000
3 Alfred Buberl: »Die Automobile des Siegfried Marcus«, Bad Sauerbrunn 1994 / »Siegfried Marcus – Erfinder des Automobils«, Stockerau 1999 / »Marcus-Wagen 1875 – historischer Meilenstein des Maschinenbaus«, Stockerau 2001
4 zwei von Marcus beschriftete, 1898 an Ing. Czischek übergebene Fotografien**
5 Erich Kurzel-Runtscheiner: »SIEGFRIED MARCUS...«, Wien 1928*
6 aus: Allgemeine Automobil-Zeitung«, Band II, Heft 43, Wien 23.10.1904
7 aus: Wochenschrift des Österr. Ing.- u. Architekten-Vereins, Wien 8.6.1888
8 aus: Ackermann´s Illustrirte Wiener Gewerbe-Zeitung, 19, Nr. 15, Wien 1890[1]
9 Carl Benz: »Lebensfahrt eines deutschen Erfinders«, Leipzig 1925*
10 Emil Ertl: »Geschichten aus meiner Jugend«, Leipzig 1927*
11 Hans-Michael Bernhardt: »Bewegung u. Beharrung«, Band 7, Hannover 1998
12 Einnahmen und Ausgaben der Synagoge Malchin, 1845-1865*
13 Materialsammlung zu: Conrad Bernhard Karl Bülch (1792-1844)*
14 Felix Aaron Theilhaber: »Schicksal und Leistung«, Berlin 1931*
15 Leichen-Register der Deutsch-Israelitschen Gemeinde, 1859 (Staatsarchiv Hamburg, Jüd. Gemeinden 725i – Fotokopie*)
16 Michael und Norbert Böttcher: »MALCHIN und Remplin«, Malchin 1998
17 »Neue Deutsche Biographie«, 6. Band, Berlin 1964*
18 Briefwechsel Siemens 1862-1879 (zu Marcus), Siemens-Archiv in München

19 »90 Jahre Haus Siemens 1847-1937«, Werkzeitschrift Siemensstadt, Berlin 1937[*]
20 Dr. Gustav Goldbeck: »S. MARCUS – Ein Erfinderleben«, Düsseldorf 1961[*]
21 Conrad Wandrey: »Werner Siemens«, München 1942[*]
22 Brief von Emil Ertl an Erich Kurzel-Runtscheiner, 19. 9. 1929[**] [1/2]
23 aus: Neue Freie Presse, Nr. 15897, Wien 22. 11. 1908[20]
24 Dr. Hans Seper: »Damals als die Pferde scheuten«, Wien 1968[*]
25 Brief Marcus' an seinen Bruder Eduard vom 7. 6. 1876[1/2]
26 Josef Popper-Lynkeus: »Selbstbiographie«, Leipzig 1917[*]
27 (Poggendorff's) »Annalen der Physik und Chemie«, 124 (1865)[*]
28 Dr. Emil Maximilian Dingler: »Polytechnisches Journal«[*] – 28 a: Jg. 1855, Band 138 (Apparat zur Erzielung gleichförmiger Temperaturen mittelst einer Gaslampe) / 28 b: Jg. 1859, Band 152 (...Stahlstäbe durch den Strich zu magnetisieren) / 28 c: Jg. 1866, Band 179 (Apparat zur Beleuchtung mittelst Luft)
29 Separat-Abdruck aus der Zeitschrift für Elektrotechnik, XVII. Heft, Wien 1884[3]
30 Constantin von Wurzbach: »Biographisches Lexikon des Kaiserhauses Österreich, 16. Theil, Wien 1867[3]
31 »Das Reichspatentamt – Rückblick... 1877-1927«, Berlin 1927[*]
32 aus: Ackermann's Illustrirte Wiener Gewerbe-Zeitung, Wien 15. 7. 1898[20]
33 aus: Neue Freie Presse (Dr. Max Grunwald über Marcus), Wien 22. 11. 1908[20]
34 aus: Elektrotechnische Zeitschrift (»Ueber die Theilung des elektr. Lichtes«), 1 (1880), Siemens-Archiv in München
35 Patent Siegfried Marcus, Großbritanien, No 11,810 A. D. 24. 6. 1892[*]
36 Patent Siegfried Marcus, Württemberg (4. 4. 1872), Staatsarchiv Ludwigsburg
37 Friedrich Schildberger: »Bosch und die Zündung«, Stuttgart, 1952[*]
38 zweiseitiger Prospekt von S. Marcus: »Gas- und Petroleum-Motor«, um 1887[**]
39 Sonderdruck aus Automobiltechn. Zeitschrift 90 (Wien 1988), Lenz, Duelli...[*]
40 Testament von Siegfried Marcus vom 6. 6. 1885, Archiv der Stadt Wien

* Archiv Böttcher, Malchin / ** Technisches Museum Wien

Norbert Böttcher,

geb. am 23. 9. 1956 in Malchin/Meckl., EDV-Facharbeiter mit Abitur, Fernsehmechaniker, Magazinverwalter in den Staatlichen Museen Berlin, Modellbauer bei der DEWAG, technischer Redakteur an der Tageszeitung »Neue Zeit«, typografische Ausbildung, freiberuflicher Grafiker/Layouter und Autor, lebt in Berlin.
Betreibt zusammen mit seinem Bruder Michael in Malchin ein Regionalarchiv für die östliche Mecklenburgische Schweiz.